(개정판)

나의 첫 와인 공부

(개정판)

나의 첫 와인 공부

My First Wine Study

신규영 지음

두드림미디어

머리말 

22년간 2,000회를 넘는 와인 강의를 통해 깨달은 것은 아직도 와인이 어렵다고 느끼시는 분들이 많다는 사실이다. 처음부터 어려운 수준으로 강의를 하면 이해를 못하고 포기하는 경우를 많이 봐왔다. 또한 와인에 대해 강의를 많이 들었는데도 머리에 남는 것이 없다는 말도 심심찮게 들어왔다.

이번 책에서는 13년간 831명(1기~112기)에게 강의한 '3회에 끝내는 신규영 와인 아카데미'의 내용을 바탕으로 와인을 이해하고, 와인과 더불어 좋은 사람들과 행복하게 지낼 수 있는 노하우를 소개하려고 한다.

언제부터인가 필자에게는 '도와사'라는 닉네임이 따라붙었는데, 도와사는 선박을 수로로 이끄는 도선사처럼 '와인의 세계로 안내해주는 사람'을 뜻한다. 여러분이 도와사의 안내를 받아 와인의 세계에 잘 정박해서 좋은 사람들과 더욱 행복한 삶을 누리시길 기원한다.

와인 전문가가 되기까지

무엇을 배우든지 스승님이 계시는데, 필자에게 와인 스승님은 전두환(전 조흥은행 신용관리부 부장) 부장님이시다. 전두환 전 대통령과 이름의 한문까지 같아 은행에서 발행하는 자기앞수표에 전두환 이름으로 명판을 찍는 것도 애로사항이 있었다는 에피소드를 가지신 분이다.

전두환 스승님은 필자에게 와인이 무엇인지 깨닫게 해주신 분이다. 필자는 와인이라고 하면 떨떠름한 맛과 달콤한 맛, 두 가지만 알고 있었다. 심지어는 전두환 부장님이 직원들 생일선물로 와인을 준비하라고 했을 때도 “부장님! 와인보다는 양주나 다른 술이 낫지 않겠습니까?”라고 말할 정도로 와인에 문외한이었다.

어느 날 전 부장님께서 호텔 와인 행사에 같이 가자고 하셨다. 와인을 맛볼 수 있는 와인 부스가 10개가 있었는데, 와인 맛이 10군데가 다 달랐다. ‘이게 뭐지?’ 하면서 이때부터 와인이 다르게 보이기 시작했다.

전 부장님께서 조흥은행 카드사업부 부장님으로 근무하시던 때에 ‘와인 클럽 신용카드’를 만들어 추진할 때 필자도 와인 클럽 신용카드 추진팀장으로 활동했다. 이 업무를 추진하기 위해서 소믈리에 과정을 3개월간 사비를 들여서 배웠다. 소믈리에 과정을 배우기 전에는 가맹점 계약(와인 클럽 카드로 결제하면 10% 등 할인 혜택)을 맺기 위해 와인 바나 레스토랑을 방문할 때 점주나 지배인 등과 대화가 되지 않았다. 그런데 소믈리에 과정을 수료한 다음부터는 대화가 잘되어서 가맹점 계약을 원활하게 할 수 있었다. 또한 은행직원들이 와인을 잘 몰라서 몇 개 지점에 다니면서 와인 강의를 하게 되었다.

'와인이란 무엇인가?'라는 주제로 1시간 정도 강의를 해주었는데, 이때부터 필자의 와인 강의가 시작되었다. 소믈리에 과정을 배우면서 전 세계 1인당 국민소득(GDP)으로 트렌드를 알게 되었다. 예를 들어 1인당 국민소득이 1만 달러 되는 나라는 테니스를 치고 있고, 2만 달러 되는 나라는 와인을 즐기며, 4만 달러 되는 나라는 요트를 타고 있더라는 식이다. 필자가 와인 공부를 시작했을 때 우리나라의 1인당 국민소득은 1만 3,000달러 정도여서 와인 문화 정착이 안 되었다.

와인 소믈리에 과정을 배우는 3개월 동안 주변 은행직원들에게 은행원이 술을 배운다는 핀잔을 많이 들었다. 또 은행에 와인 동호회(현재 신한은행 와인 동호회)를 만들었더니 '난 소주 동호회를 만들겠다', '난 막걸리 동호회를 만들겠다' 같은 비아냥거리는 소리도 들었다. 그때로부터 22년이 흐른 국민소득 3만 달러 시대에 와서 보니 이제는 와인이 그래도 많이 생활화 되어 있는 것을 볼 때 감개무량하다. 그 당시 내게 비아냥거렸던 사람들은 지금 집에서 대부분 쉬고 있고, 필자는 와인 강의를 아직도 하고 있는 점을 감안하면, 그때 와인을 배운 것은 신의 한 수가 아니었나 싶다.

2003년도에 신한금융지주사에 통합된 조흥은행과 신한은행이 2006년도에 통합되면서 신한은행으로 안 가고 신한카드사 강남지점장으로 전직을 하게 되었다. 2006년 4월 1일 신한카드 강남지점장으로 부임해서 1인당 국민소득 2만 달러(와인이 대중화되기 시작하는 시기)가 안 된 1만 6,000달러 시대에 신한카드 강남지점 안에 와인 바를 만들어서 영업에 활용했다. 그 당시에도 금융기관 안에 술집을 만든다는 등 주변의 반대와 빈정대는 소리를 들으면서 지점에 와인 바를 만들어서 운영했는데, 남들보다 앞서 간다는 것은 언제나 힘들었던 일인 것 같다. 그러나 이제는 금융기관뿐만 아니라, 일반 기업에서도 VIP룸에 와인 바를 만들어놓은 것을 볼 수 있어 격세지감을 느낀다.

신규영

CONTENTS

머리말 4

CHAPTER

01 와인과 친해지기

01. 와인의 종류 · 12
02. 포도 품종 · 18
03. 구세계 와인 · 25
04. 신세계 와인 · 27
05. 와인 향 종류 · 29
06. 와인 마개 따는 방법 · 31
07. 와인 받기, 따르기 · 33
08. 와인 잔 건배하기 · 34
09. 와인 가격 · 35
10. 와인 등급 · 36

CHAPTER

02 와인을 좀 더 알아보기

01. 와인과 건강 · 40
02. 그랑크뤼 와인(메독 그랑크뤼) · 46
03. 소믈리에 · 50
04. 와인 주요 산지 특성 · 52
05. 와인 라벨(레이블) 읽기 · 60
06. 와인 구매하기 · 62
07. 레스토랑에서 와인 주문하기 · 63
08. 와인 주요 용어 · 64
09. 와인 보관 방법 · 67
10. 와인의 정의 · 70

CHAPTER

03 와인과 사람 그리고 행복

01. 와인 동호회 만들기 · 74
02. 와인 동호회 운영 방법 · 76
03. 비즈니스에 필요한 와인 에티켓 · 82
04. 와인 동호회 회원 교류 · 86
05. 와인 모임과 신뢰성 · 87
06. 와인 선물 고르기 · 88
07. 스토리 있는 와인 · 90
08. 와인 리스트 보기 · 94
09. 와인 전망 · 96

CHAPTER 01

ESTD 1884
와인과
친해지기
Penser nature

와인의 종류

구분	와인 종류
기포	스틸 와인/스파클링 와인(샴페인)
색상	화이트/ 로제/ 레드 와인
단맛	스위트 와인/드라이 와인
무게	풀 바디/미디엄 바디/라이트 바디

거품이 있냐, 없냐에 따라

스파클링 와인

거품이 있으면 스파클링 와인이다.

스파클링 와인 중에서는 프랑스 샹파뉴(영어로는 샴페인)지역에서 만든 것만 샴페인이란 표현을 사용할 수 있다.

스틸 와인

거품이 없으면 스틸와인이다.

색상에 따라서는

화이트 와인, 로제 와인, 레드 와인으로 나뉜다.

화이트 와인과 레드 와인은 크게 두 가지가 다르다. 첫 번째는 포도 품종인데 화이트 와인은 청포도이고, 레드 와인은 까만 포도로 만든다. 두 번째는 술 담그는 방법이 화이트 와인은 포도 껍질과 씨를 빼서 담그고, 레드 와인은 포도 껍질과 씨를 같이 담근다. 로제 와인은 레드 와인처럼 담그다가 중간에 포도 껍질과 씨를 빼기 때문에 핑크색이 나온다.

단맛에 따라서

달면 스위트 와인, 달지 않은 모든 와인은 드라이 와인이다.

스위트 와인 3가지

▲ Vino de Hielo Stallmann-Hiestand Silvaner Eiswein
iswein은 아이스 와인을 뜻하는 독일어

아이스 와인(Ice wine)

아이스 와인은 영하 6도~영하 7도의 언 상태의 포도를 따서 만든 와인이다. 물이 얼은 부분을 녹이지 않고 과즙을 짜기 때문에 당도가 높은 과즙을 얻을 수 있다.

귀부 와인(Botrytised wine)

귀부 와인은 귀부병에 감염된 포도를 수확해서 만든 와인이다. 귀부병이란 포도가 익을 무렵 포도 껍질에 코트리티스 시네레아균에 의해 발생하는 곰팡이다. 이 귀부병에 감염된 와인은 단맛이 나는 대표적인 스위트 와인으로 사용된다.

▲ Frontera Late Harvest

레이트 하비스트(Late harvest)

레이트 하비스트는 말 그대로 포도 수확을 늦게 해서 만든 와인이다. 포도 수확을 늦추면 포도의 당도가 높아져 단맛을 만들어낸다.

드라이 와인

▲ H&H Madeira Medium Dry Wine

드라이 와인(Dry wine)

드라이 와인은 단맛이 거의 없는 와인으로 대부분의 레드 와인과 일부 화이트 와인이 드라이 와인에 속한다. 레드 와인은 색이 진할수록, 화이트 와인은 색이 옅을수록 드라이하다.

마실 때 입에 무게감이 많으면 풀 바디 와인(우유를 마실 때 느낌), 중간 무게감이면 미디엄 바디 와인(오렌지 주스를 마실 때 느낌), 가벼우면 라이트 바디 와인(물을 마실 때 느낌)이다.

바디감은 와인을 입에 넣었을 때 '혀가 뻣뻣해지는 정도'의 느낌을 말한다. 물과 우유 정도의 차이를 생각해보면 짐작할 수 있다.

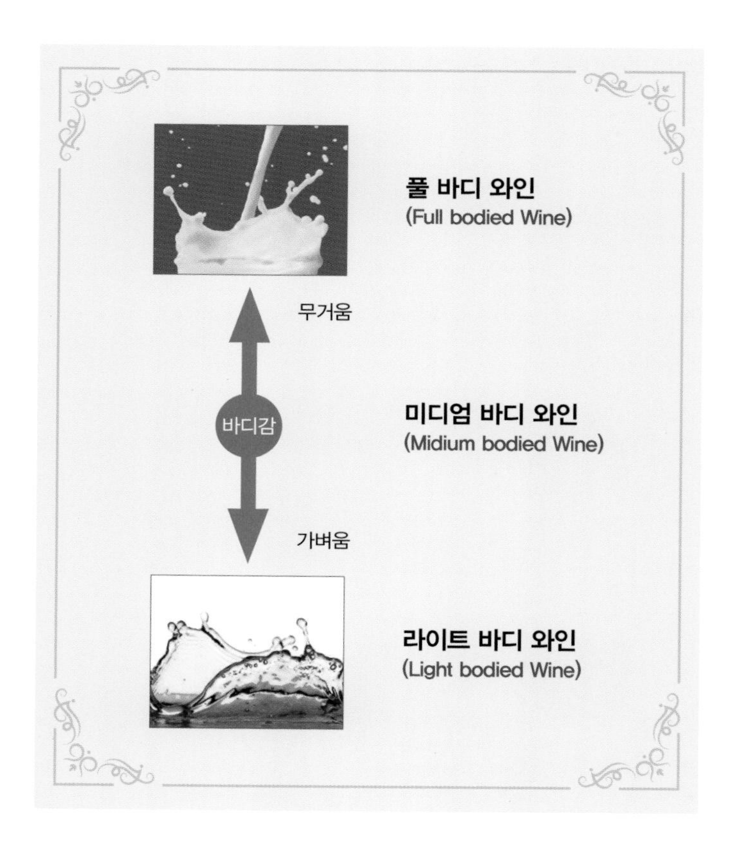

풀 바디 와인(Full bodied Wine)

농도가 진하고, 묵직하며, 질감과 무게감이 느껴지는 와인이다. 알코올 도수가 높고 타닌 성분이 많을수록 무겁고 중후한 맛이 난다.

미디엄 바디 와인(Midium bodied Wine)

풀 바디 와인과 라이트 바디 와인의 중간으로 농도와 질감이 너무 진하지도, 연하지도 않은 와인이다. 초보자도 비교적 쉽게 마실 수 있다.

라이트 바디 와인(Light bodied Wine)

농도가 연하고, 가벼우며, 신선한 느낌을 주는 와인이다. 시음을 할 때는 미디엄 바디 와인이나 풀 바디 와인보다 먼저 마시는 게 좋다.

포도 품종

사람들이 와인을 어렵다고 느끼는 이유 중 하나가 바로 포도 품종 이름을 다 알려고 하는 데 있다. 지구상에는 수백 가지 포도 품종이 있기 때문에 주로 많이 마시는 다음과 같은 포도 품종만 몇 개 알아놓고, 맛을 음미해보는 것도 처음에는 좋을 듯하다.

레드 와인 : 까만 포도로 만든다

까베르네 쇼비뇽(Cabernet Sauvignon)

세계에서 가장 명성 있고, 널리 재배되는 프랑스 보르도 원산의 클래식 포도 품종으로 위대한 메독와인을 만드는 데 쓰인다. 캘리포니아, 호주, 칠레, 불가리아 등 세계 각국에서 최상급의 레드 와인을 만들어낸다. 싹이 늦게 나고, 늦게 익으며, 표피가 두껍다. 과육이 많고 포도알이 잘 썩지 않으며, 해충에 강하다. 산출량은 적은 편이나, 힘이 넘치고 검은 까치밥나무 열매의 뚜렷한 아로마를 가지고 있다. 탄닌이 함유된 원숙한 맛을 내며, 오래 숙성시킬 수 있다.

메를로(Merlot)

보르도 제2의 위대한 적포도 품종으로 뽀므롤과 쎙떼밀리옹의 훌륭한 와인을 만드는 데 사용된다. 까베르네 쇼비뇽과 혼합해서 많이 쓰이나, 자체 명성이 점점 높아지고 있다. 원숙하고 부드러운 과일 향을 풍기며 탄닌 성분이 많지 않다. 비교적 빨리 숙성이 이루어진다. 최근 세계 각국에서 인기가 상승하고 있으며, 특히 캘리포니아, 남부 프랑스, 뉴질랜드 등에서 널리 재배되고 있다.

삐노 누아르(Pinot Noir)

프랑스 부르고뉴의 꼬뜨 도르가 원산이며, 까베르네 쇼비뇽과 쌍벽을 이루는 포도 품종이다. 부르고뉴의 위대한 레드 와인을 만들며, 세계 각국에서 널리 재배된다. 산출량은 적으며 토양은 배수가 잘 되어야 한다. 덜 숙성이 됐을 때는 체리, 딸기, 바이올렛의 향기를 풍기나 오래되면 게임, 감초, 그리고 품질 좋은 가을의 새양털냄새가 난다.

산지오베제(Sangiovess)

이탈리아 전 지역에서 재배되며, 끼안띠와 브루넬로 디 몬탈치아노의 주 품종으로 훌륭한 와인을 만든다. 그러나 지역에 따라 품질의 편차가 심하다. 늦게 익으며, 좋은 질감과 높은 산도를 지니고 있다. 완전히 숙성되면 서양 오얏 같은 향취를 풍긴다.

진판델(Zinfandel)

원산지에 대한 오랜 논쟁이 DAN 검사 결과 이탈리아의 남부, 프리미티보(Primitivo)로 밝혀졌다. 캘리포니아에 와서 품종의 특성이 많이 변해 현재는 캘리포니아화가 되어버렸으며, 다른 지역에서는 재배되지 않는다. 스파이시하고 활기가 넘치며, 딸기 향을 풍긴다. 다양한 스타일의 와인을 만드는 품종으로, 화이트, 레드, 로제뿐만 아니라 캘리포니아 포트에도 쓰인다.

말벡(Malbec)

프랑스 보르도에서 재배되는 전통적인 포도 품종으로 색깔과 탄닌의 조화를 위해 블랜드용으로 많이 쓰이나 까오르(Cahors)에서는 주 품종으로 사용된다. 특히 아르헨티나에서는 가장 많이 재배되며, 추운 기후에 약하다. 숙성되면 짙은 적색을 띠며, 잘 익은 과일, 게임 등의 향기를 풍긴다. 칠레, 캘리포니아, 이탈리아에서도 재배된다.

가메(Gamay)

햇와인으로 잘 알려진 프랑스 보졸레 누보(Beaujolais Nouveau)를 만드는 포도 품종이다. 화강암 토양에서 훌륭한 와인이 생산되는데 자줏빛을 띠며, 체리, 산딸기 향기를 풍긴다. 가볍고 신선한 와인을 만드는 데 사용된다.

시라(Syrah)

페르시아의 시라즈에서 온 것으로, 프랑스의 론 지역 최고의 적포도 품종이며, 척박한 토양에서 위대한 와인을 만든다. 무겁고 원숙하며, 검은 딸기를 연상시키는 짙은 과일 향을 풍긴다. 탄닌 성분이 강하며 숙성하는 데 오랜 시간이 필요하다. 호주에서는 쉬라즈(Shiraz)라고 하며, 가장 많이 재배된다.

화이트 와인 : 청포도로 만든다

샤르도네(Chardonnay)

프랑스 부르고뉴가 원산인 세계 최고의 백포도 품종으로 샴페인, 샤블리 등 훌륭한 와인은 모두 이 품종으로 만들어진다. 캘리포니아, 호주, 이탈리아 등 세계 곳곳에서 재배된다. 백악질 토양에 매우 적합하며, 산출량은 중간 정도다. 사과, 파인애플의 향과 갓 구운 빵 냄새가 복합적으로 어우러진 듯한 미묘한 향과 맛이 난다. 대부분 오크통에서 숙성되며, 섬세한 음식과 잘 어울린다.

쇼비뇽 블랑(Sauvignon Blanc)

클래식 포도 품종으로 프랑스 보르도, 부르고뉴, 루아르, 미국 캘리포니아, 호주 등지에서 많이 재배된다. 척박한 토양에서 자라며, 포도송이가 썩는 병에 잘 걸린다. 산도가 많은 드라이한 와인을 생산하며, 프랑스 소테른에서는 산도를 보충하기 위한 블랜드용으로 사용된다. 허브, 올리브, 풀 등이 어우러진 향기와 멋을 낸다.

리슬링(Riesling)

독일의 최상급 포도 품종으로 세계 각국에서 재배된다. 호주에서 라인 리슬링(Rhein Riesling), 캘리포니아는 요한니스버그 리슬링(Johannisberg Riesling), 그리고 남아프리카에서는 바이세르 리슬링(Weisser Riesling)이라고도 한다. 특히 모젤, 라인가우에서 이 품종의 특성이 잘 표출된 클래식한 와인을 생산한다. 최고의 리슬링은 미네랄이 풍부하고 배, 가솔린 아로마와 함께 높은 산도를 지닌다.

뮈스까(Muscat)

여러 나라에서 서로 다른 종류의 뮈스까 포도를 재배하고 있는데, 공통적인 것은 이 품종이 갖고 있는 강한 포도 맛 때문에 와인에 알코올을 강화하거나 발포성을 만드는 데 기여한다. 포도 향이 그윽하고 신선함이 뛰어나다. 주로 스위트한 와인을 만드는 데 쓰이나, 알자스에서는 드라이한 와인을 만든다. 시중에서 모스카토라고 불리기도 한다.

쎄미용(Semillon)

쇼비뇽 블랑과 함께 프랑스 보르도가 원산이며, 블랜드용으로 최고의 진가를 발휘한다. 세계적으로 널리 재배되며, 부드럽고 드라이한 와인을 만드는 데 많이 쓰인다. 보트리티스에 잘 걸리기 때문에 쏘떼른의 훌륭한 스위트 와인(귀부 와인)을 만들 때도 사용된다. 무화과 향이 나며, 쇼비뇽 블랑보다 진하고 산도는 덜하다.

게브르츠트라미너(Gewurztraminer)

북부 이탈리아가 원산지이지만 프랑스 알자스에서 이 품종 최고의 스파이시한 특성을 보인다. 독일, 호주, 뉴질랜드, 캘리포니아에서도 널리 재배되며, 동유럽에서도 찾아볼 수 있다. 이국적인 꽃향기와 자극적인 향미로 잘 알려진 포도로 드라이 또는 스위트한 와인까지 만들 수 있다.

구세계 와인

포도 품종이 하나가 아니고 두 개가 있다. 먹는 식용 포도와 와인을 담그는 양조용 포도가 있다. 먹는 식용 포도는 홀로 발효가 안 되기 때문에 설탕이나 소주를 섞는데, 양조용 포도는 껍질에 효모가 있기 때문에 홀로 발효가 되는 천연식품이다.

전 세계 지리학적으로 양조용 포도가 재배되는 나라가 한정되어 있다. 양조용 포도가 재배되는 나라를 기준으로 두 개의 세계로 나누는데, 구세계와 신세계다. 프랑스, 이탈리아, 독일, 스페인, 포르투갈, 그리스, 헝가리, 불가리아 등 유럽지역을 구세계라고 한다.

특징

- 1,000년의 역사와 전통
- 소규모 생산의 장인정신과 다양성
- 양조자와 원산지가 중요
- 빈티지의 필요성

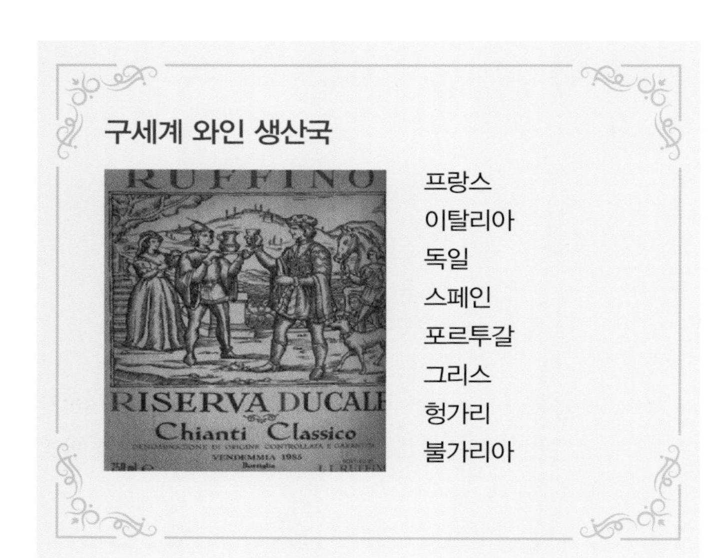
구세계 와인 생산국
RUFFINO
RISERVA DUCAL
Chianti Classico
VENDEMMIA 1985
750 ml
프랑스
이탈리아
독일
스페인
포르투갈
그리스
헝가리
불가리아

04 신세계 와인

미국, 캐나다, 호주, 뉴질랜드, 칠레, 아르헨티나, 남아프리카 공화국을 신세계라고 한다.

특징

- 200~300년 전부터 생산
- 대규모 생산과 마케팅 전략을 통한 유통
- 획일적인 맛과 합리적 가격
- 포도 품종명 와인 생산과 영어로 된 와인 라벨

신세계 와인 생산국
LAMBORN FAMILY VINEYARDS
NAPA VALLEY
HOWELL MOUNTAIN
ZINFANDEL
1997
The Team Connection
미국
캐나다
호주
뉴질랜드
칠레
아르헨티나
남아프리카 공화국

05 와인 향 종류

아로마 향

포도 품종에서 형성되는 특유의 향과 발효 과정 시 생성되는 채소 꽃 향을 말하며, 와인 잔에 따른 뒤 돌리기 전에 그냥 맡는 향을 뜻한다.

부케 향

와인 숙성과정에 의해 생기는 와인의 복합적인 향기를 말하며, 와인 잔을 돌리면서 공기를 접촉한 뒤 맡는 향을 뜻한다.

빈 잔 향

와인을 마실 때는 잔을 비우지 않는 것이 에티켓이지만, 와인 종류가 바뀌면 다 마신 뒤 잔이 비었을 때 맡는 향이 빈 잔 향이다. 잔이 비었을 때 처음에는 향이 별로 안 나다가 조금 시간이

지나면 향이 정점에 다다른다. 더 있으면 아무런 향이 나지 않는다.

이러한 빈 잔 향에 빗대어 "인생이 빈 잔 향과 같다"라는 이야기들을 하곤 한다. 와인 마니아들은 와인에 따라 다른 빈 잔 향을 맡으려고 빈 잔을 돌리는 경우가 많다. 하지만 이러한 빈 잔 향을 모르는 사람들이 볼 때는 '저 사람은 돈이 없는데 와인을 마시고 싶어서 빈 잔만 돌리고 있나?' 또는 '수전증이 있나?'라고 오해하는 경우도 가끔 있다.

와인 마개 따는 방법

우리는 평소 남이 와인을 따서 따라주는 것만 마셨는데, 이제부터는 내가 와인을 따서 모임 참석자에게 따라주도록 하자. 받는 상대편은 당신의 배려에 감사함을 느낄 것이다.

와인을 따는 도구를 '스크류우'라고 하는데, 앞으로는 쉽게 '와인 따개'라고 부르기로 한다. 많이 쓰이는 와인 따개는 코르크 마개를 중간에 찍어서 오른쪽으로 돌리면서 양쪽 끝이 올라가면 누르는 것이다. 하지만 이것보다는 소믈리에용 와인 따개를 장만해서 쉽게 와인을 따도록 연습한다.

▲ 소믈리에용 와인 따개

와인을 따는 방법은 다음과 같다. 먼저 코르크 마개 위를 덮고 있는 얇은 알루미늄 막을 제거한다. 이것을 호일(Foil)이라고 부르는데, 와인 따개에 달린 작은 칼을 이용해서 자른다. 그리고 와인 따개의 끝을 코르크 마개 위 중앙에 대고 조심스럽게 돌린다. 이때 코르크 마개의 90% 정도 들어가면 멈춘다. 와인 따개가 너무 깊이 들어가서 마개를 관통해버리면 코르크 조각이 와인에 떨어질 수 있다. 물론 코르크 조각이 몸에 해로운 것은 아니지만 보기에 좋지 않다.

이제 코르크 마개를 지렛대 원리를 이용해서 조심스럽게 위로 잡아당긴다. 맥주를 따듯이 뻥 소리가 안 들리게 살짝 위로 잡아당긴다. 능숙해지려면 얼마 동안은 연습을 해야 하는데, 대략 20병 이상 따봐야 숙달이 된다. 와인 모임에 좀 일찍 도착해서 그날 마실 와인을 따는 연습을 자주 해보길 권하고 싶다.

07 와인 받기, 따르기

와인을 받을 때 잘 모르면 그냥 잔을 두 손으로 받아서 올리는 경우를 많이 본다. 그런데 잔을 들어버리면 와인을 따르는 사람이 불편할 수 있다. 따라서 따르는 사람을 배려하기 위해서는 잔을 받을 때 그냥 테이블에 잔을 놓으면 된다. 그런데 동양 사회에서는 한참 윗사람이 따라줄 때 그냥 있으면 건방져 보일 수 있으니 윗사람이 따라줄 때는 검지와 중지를 벌려서 잔 밑에 살짝 갖다대준다. 만약 이러한 에티켓을 잘 모르는 분이 따라줄 때는 그냥 두 손으로 받는다. 상대를 배려하는 차원에서다.

와인을 따를 때는 여러 가지 향을 맡기 위해서 잔의 1/5 정도만 따른다. 따르고 나서 병 끝을 돌려준다. 왜냐하면 방울이 튀지 않기 위해서다. 와인을 따를 때는 허리를 펴고 한 손으로 따른다. 이때 린넨을 따르는 반대 팔에 두르면 자리가 더욱 재밌어진다. 린넨(또는 휴지)을 두르거나 손에 잡는 이유는 따르고 나서 병에 묻은 와인을 닦기 위함이다.

08 와인 잔 건배하기

와인으로 건배할 때는 눈을 보면서 웃어줘야 분위기가 화기애애해진다. 둘이 건배할 때는 와인 잔을 45도로 겹치면서 와인 잔 가운데를 부딪치면서 눈을 보고 건배를 한다.

셋 이상이 건배할 경우에는 와인 잔 머리를 부딪치면서 건배를 하는데, 이때 유의할 점은 시선이다. 많은 사람들이 건배할 때 눈을 안 보고 와인 잔을 보는데, 와인 잔을 안 보고 부딪쳐도 안 깨지므로 건배하는 사람들의 눈을 번갈아가면서 웃는 눈으로 바라본다.

09 와인 가격

우리가 와인 샵이나 마트에서 와인을 사는 가격을 시가(시중 가격)라고 흔히 이야기하는데, 와인 바나 레스토랑은 보통 시가의 두 배를 받는다. 이유는 인건비, 임대료와 마진이 필요하기 때문이다. 호텔은 대략 시가의 3배를 받는다. 물론 운영상 두세 배가 넘거나 안 받는 경우도 종종 있다.

만약 와인을 밖에서 사가지고 들어가서 마시면, 잔 세팅 비용조로 받는 것을 '코르크차지' 또는 '콜키지'라고 하는데, 와인 바나 레스토랑, 호텔마다 콜키지가 다르다.

10 와인 등급

와인은 각 나라마다 등급이 있는 것이 보통이다. 대표적인 프랑스 와인 등급과 이탈리아 와인 등급은 다음과 같다.

프랑스 와인 등급

1. 원산지 통제 명칭 : AOC(Appellation d'Origine Controlée)

- 1935년 제정, INAO에서 통제하고 감시
- 생산지, 포도 품종, 재배방법, 수확량, 양조방법, 최소 알코올 함유량 등을 규정
- 지명이 더 작은 지역일수록 고급 와인

2. 우수 품질 제한 : VDQS(Vin Délimité de Qualite Supérieure)

- 1949년 제정, 자국에서 소비

3. Vin de Pays : 지역 와인(1973년 제정)

4. Vin de Table : 일반적인 테이블 와인

이탈리아 와인 등급

1. 원산지 명칭 통제 보증 : DOCG(Denominazione di Origine Controllata e Garantita)

5년 이상 된 DOC와인 중 일정 수준 이상의 것을 심사해서 결정한다.

2. 원산지 명칭 통제 : DOC(Denominazione di Origine Controllata)

포도 품종은 표시하지 않고, 원산지만 나타낸다.

3. IGT(Indicazione Geografica Tipica)

비교적 광범위한 생산지역을 표시하는데, 생산지명만 표시하는 것과 포도 품종과 생산지명을 표시하는 두 가지가 있다.

4. VdT(Vino da Tavola)

원산지 구분이 없는 테이블 와인으로써 외국산 포도를 블렌딩 하지 못한다. 상표에는 와인의 색깔, 즉 레드, 화이트, 로제를 표시한다.

CHAPTER 02

ESTD 1884
와인을
좀 더 알아보기
Penser nature

와인과 건강

와인이란 무엇인가?

- 광의 : 발효시킨 모든 주류
- 협의 : 포도 발효
- 7000년 이상 역사의 알칼리성 주류
- 100% 천연식품
- 신이 인간에게 준 최고의 선물
- 종류

구분	와인 종류
기포	스틸 와인/스파클링 와인(샴페인)
색상	화이트/로제/레드 와인
단맛	스위트 와인/드라이 와인
무게	풀 바디/미디엄 바디/라이트 바디

- 와인 생산 4대 요소(떼루아) : 토양, 기후, 품종, 기술

넓은 의미(광의)의 와인은 발효시킨 모든 술(막걸리 와인, 복분자 와인, 애플 와인 등)을 뜻하고, 좁은 의미(협의)의 와인은 포도로만 발효시킨 술을 뜻한다. 그런데 포도 품종이 식용(먹는 것)과 양조용(술을 담그는 것)으로 두 개가 있는 것을 사람들은 잘 모른다.

Chapter 1에서도 이야기했던 부분을 다시 복습해보자. 먹는 식용 포도는 혼자 발효가 잘 안 되기 때문에 설탕이나 소주를 넣는다. 그러나 양조용 포도는 혼자 발효가 되는 100% 천연식품이다. 양조용 포도는 껍질에 효모가 있기 때문에 당분을 알코올화시킨다.

전 세계에서 지리학적으로 식용 포도는 많이 나오지만, 양조용 포도가 나오는 나라는 한정되어 있다. 따라서 양조용 포도가 나오는 나라 기준으로 두 개의 세계로 나뉜다고 앞서 말했다. 바로 구세계와 신세계인데, 구세계는 이탈리아, 프랑스, 스페인, 포르투갈 등 유럽 지역을 뜻한다. 그러나 영국은 유럽이지만 위치(위도)가 위에 있어 양조용 포도가 자라지 않는다. 신세계는 미국, 캐나다, 칠레, 아르헨티나, 호주, 뉴질랜드, 남아프리카 공화국이다. 양조용 포도로 만든 와인은 제한적으로 재배되기 때문에 전 세계에서 수입해서 먹는 특성이 있다.

와인의 색상은 기억나는가? 와인은 색상에 따라서는 화이트 와인, 로제 와인, 레드 와인으로 구분된다. 화이트 와인과 레드 와인은 두 가지가 다르다. 첫째는 포도 품종이 화이트 와인은 청포도이고, 레드 와인은 까만 포도다. 두 번째는 화이트 와인은 와인을 만들 때 껍질하고 씨를 제거하는 반면, 레드 와인은 껍질하고 씨를 같이 담근다. 레드 와인처럼 담그다가 중간에 껍질하고 씨를 빼면 색상이 핑크빛 와인이 나오는데 이것이 로제 와인이다.

레드 와인이 몸에 좋은 점

레드 와인은 항산화 작용에 좋다

사람이 숨을 들이마시고 내뱉을 때 몸속에 들어왔던 산소가 다 안 나가고 5% 정도 몸에 남아 있는 것을 '활성산소'라고 한다. 이 활성산소가 몸에 누적되어 암을 유발하고, 몸을 빨리 늙게(노화 촉진) 만든다.

살아 있는 사람들은 호흡을 하기 때문에 항상 활성산소가 쌓일 수밖에 없고, 스트레스를 받으면 더욱 쌓인다고 한다. 이러한 활성산소를 없애주는 노력을 해야 하는데 이것을 '항산화 작용'이라고 한다. 항산화 작용에 아주 좋은 두 가지를 공유하면 다음과 같다.

첫째는 좋은 사람들과 즐거운 마음으로 대화를 나누는 것이다. 긍정적인 마인드를 갖고 즐겁게 대화를 나누다 보면 항산화 작용이 아주 잘된다. 두 번째는 항산화 작용을 하는 물질을 먹어주면 좋은데 그것이 바로 레드 와인이다.

레드 와인은 와인을 만들 때 양조용 포도 껍질과 씨를 같이 담그는데, 그 껍질과 씨에 폴리페놀 등 좋은 성분이 들어 있다. 이 폴리페놀이 항산화 작용에 크게 기여한다. 필자의 주변에 있는 와인 마니아들 중 나이에 비해서 젊게 사는 사람(동안)이 많은 것도 레드 와인의 폴리페놀 덕분이 아닌가 싶다.

레드 와인은 심혈관계에 좋다

'프렌치 패러독스(French paradoox)'란 유행어가 나올 정도로 레드 와인은 심혈관계에 좋다. 〈프렌치 패러독스〉는 1990년대 초반에 미국에서 만든 대박 난 다큐다. 프랑스 사람들은 미국 사람보다 고기도 많이 먹고 운동도 덜 하는 것 같은데, 왜 심혈관계가 미국 사람보다 평균적으로 깨끗한지 이해를 못하겠다는 내용이다. 즉 '프랑스 사람들은 아이러니컬하다'라는 뜻으로 프렌치 패러독스라고 명명했다. 그 원인도 양조용 포도 껍질과 씨에 있는 폴리페놀이라는 성분의 영향이다. 우리나라에서 방영되는 〈생로병사의 비밀〉에도 '적포도주가 심혈관계에 좋은 이유'가 소개된 적 있다.

대장을 깨끗하게 해준다

과거에도 잘 생각해보면, 영화를 보거나 TV를 볼 때 고기를 먹는 장면에는 거의 레드 와인이 등장하고는 했다. 그것은 레드 와인이 대장을 쓸어주는 역할을 하기 때문이다. 대장내시경을 3년 내지 5년에 한 번씩 하게 되면 용종들이 있어 제거 시술을 받는 경우를 종종 본다. 하지만 매일 레드 와인을 적정 양으로 먹으면 대장이 깨끗하게 될 확률이 높다. 실제로 필자를 비롯한 와인 마니아들은 대장에 용종이 없는 등 비교적 대장이 깨끗하다는 이야기를 나누곤 한다.

반주의 효과가 있다

다른 술은 산성인데, 양조용 포도로 만든 와인만 알칼리성이라든가 하는 좋은 점도 많지만, 그중에 반주 효과가 제일 큰 것 같다. 사람은 나이를 먹으면 좋으나 싫으나 심장이 약해질 수밖에 없는 것이 현실이다. 심장이 약해지면 혈액순환이 잘 안 되기 때문에 옛날부터 어르신들이 식사를 할 때 반주로 술(먹는 알코올)을 적당히 드시곤 했다. 적정한 반주가 몸에 왜 좋으냐면 위에서 소화 작용을 할 때 알코올이 분해되면서 심장맥박을 강하게 해줘 혈액순환이 잘되기 때문이다.

와인은 알코올이 있다. 포도 품종에 따라 6도에서 16도 정도 다 다르다. 양조용 포도는 껍질에 포도당분을 알코올화시키는 효모가 있기 때문에 100% 천연 알코올이다. 반주를 하실 때는 다른 술보다는 몸에 좋은 와인을 드시길 권한다. 특히 나이가 들수록 알코올 도수가 낮은 와인을 드시는 게 좋다.

왜 레드 와인을 매일 적정하게 먹어줘야 하나?

앞에서 살펴본 것과 같이 양조용 포도로 만든 와인은 설탕이나 소주를 섞지 않고 포도 껍질에 있는 효모가 당분을 알코올화시키는 천연식품이다. 폴리페놀 등 몸에 좋은 다양한 성분이 들어있다.

따라서 와인을 섭취한 뒤에는 몸에서 24시간 이내에 땀이나 소변, 대변으로 다 빠져버리기 때문에 매일 음식처럼 적정하게 (각자 알코올을 분해할 수 있는 적정량 : 반 잔 또는 한 잔, 최대량은 반병 이하) 먹어주면 정신 건강과 육체 건강에 아주 좋다. 그러나 지나치면 좋지 않다는 과유불급(過猶不及)이라는 말처럼 와인도 알코올이 있기 때문에 본인 몸에 부담이 되지 않게 드시길 바란다.

02 그랑크뤼 와인 (메독 그랑크뤼)

필자가 와인 버킷리스트라 칭하고 있는 메독 그랑크뤼 와인 61개다. 다음과 같이 프랑스 메독 그랑크뤼를 마시면서 리스트에다가 날짜와 같이 마신 사람 이름을 적어가면서 지워 나가는 것도 즐거운 와인 생활이다. 요즘 많은 와인 매니아들이 그렇게 하고 있다. 메독 그랑크뤼를 같이 마시자고 하면 와인 매니아들은 거의 모임에 참석하는 경향이 있다.

필자는 22년 동안 메독 그랑크뤼 61개 와인을 다 마셔 보았는데, 61개의 메독 그랑크뤼 와인은 다음과 같다.

프랑스 메독 지역 그랑크뤼 클라쎄 (Grand Cru Classé)

1855년 파리만국박람회 때 나폴레옹 3세의 지시에 의해 와인의 등급이 매겨졌다.

· 메독 지역을 중심으로 61개의 Grand Cru Classé탄생

· 와인의 거래가격과 품질 기준, 1등급에서 5등급으로 분류

· 1등급(5), 2등급(14), 3등급(14), 4등급(10), 5등급(18)

그랑크뤼 61개 샤토

프르미에 크뤼(Premiers Crus) : 1등급 포도원			
1	샤토 라피트-롯칠드	Château Lafite-Rothschild	포이약(Pauillac)
2	샤토 라투르	Château Latour	포이약(Pauillac)
3	샤토 무통-롯칠드	Château Mouton-Rothschild	포이약(Pauillac)
4	샤토 마고	Château Margaux	마고(Margaux)
5	샤토 오-브리옹	Château Haut-Brion	페삭-레오냥, 그라브 (Pessac-Leognan, Graves)

두지엠 크뤼(Deuxièmes Crus) : 2등급 포도원			
1	샤토 피숑-롱그빌 바롱	Château Pichon-Longueville Baron	포이약(Pauillac)
2	샤토 피숑-롱그빌 콩테스 드 랄랑드	Château Pichon-Longueville Comtesse de Lalande	포이약(Pauillac)
3	샤토 뒤크뤼-보카이유	Château Ducru-Beaucaillou	생쥘리앙(St.Julien)
4	샤토 그뤼오 라로즈	Château Gruaud-Larose	생쥘리앙(St.Julien)
5	샤토 레오빌 라스 카스	Château Léoville-Las Cases	생쥘리앙(St.Julien)
6	샤토 레오빌 바르통	Château Léoville-Barton	생쥘리앙(St.Julien)
7	샤토 레오빌 프와페레	Château Léoville-Poyferré	생쥘리앙(St.Julien)
8	샤토 코스 데스투르넬	Château Cos d'Estournel	생테스테프(St.Estèphe)
9	샤토 몽로즈	Château Montrose	생테스테프(St.Estèphe)
10	샤토 브랑-캉트낙	Château Brane-Cantenac	캉트낙, 마고 (Cantenac, Margaux)
11	샤토 뒤르포르-비방	Château Durfort-Vivens	마고(Margaux)
12	샤토 라스콩브	Château Lascombes	마고(Margaux)
13	샤토 로장-세글라	Château Rauzan-sègla	마고(Margaux)
14	샤토 로장-가씨	Château Rauzan-Gassies	마고(Margaux)

트로와지엠 크뤼(Troisièmes Crus) : 3등급 포도원

1	샤토 라그랑쥬	Château Lagrange	생쥘리앙(St.Julien)
2	샤토 랑고아-바르통	Château Langoa-Barton	생쥘리앙(St.Julien)
3	샤토 보이드-캉트낙	Château Boyd-Cantenac	마고(Margaux)
4	샤토 캉트낙-브라운	Château Cantenac-Brown	캉트낙, 마고 (Cantenac, Margaux)
5	샤토 데미라유	Château Desmirail	마고(Margaux)
6	샤토 페리에르	Château Ferrière	마고(Margaux)
7	샤토 지스쿠르	Château Giscours	라바르드, 마고 (Labarde, Margaux)
8	샤토 디상	Château d'Issan	캉트낙, 마고 (Cantenac, Margaux)
9	샤토 키르왕	Château Kirwan	캉트낙, 마고 (Cantenac, Margaux)
10	샤토 말레스코 생텍쥐페리	Château Malescot St-Exupéry	마고(Margaux)
11	샤토 마르키 달레슴 베케르	Château Marquis d'Alesme Becker	마고(Margaux)
12	샤토 팔메르	Château Palmer	캉트낙, 마고 (Cantenac, Margaux)
13	샤토 칼롱 세귀르	Château Calon-Ségur	생테스테프(St.Estèphe)
14	샤토 라 라귄	Château La Lagune	뤼동, 오메독 (Ludon, Haut-Médoc)

카트리엠 크뤼 (Quatrièmes Crus) : 4등급 포도원

1	샤토 뒤아르-밀롱	Château Duhart-Milon	포이악(Pauillac)
2	샤토 마르키-드-테름	Château Marquis-de-Terme	마고(Margaux)
3	샤토 푸제	Château Pouget	캉트낙, 마고 (Cantenac, Margaux)
4	샤토 프리외레-리쉰	Château Prieuré-Lichine	캉트낙, 마고 (Cantenac, Margaux)
5	샤토 베슈벨	Château Beychevelle	생쥘리앙(St.Julien)
6	샤토 브라네르-뒤크뤼	Château Branaire-Ducru	생쥘리앙(St.Julien)
7	샤토 생 피에르	Château St Pierre	생쥘리앙(St.Julien)
8	샤토 탈보	Château Talbot	생쥘리앙(St.Julien)
9	샤토 라퐁 로셰	Château Lafon Rochet	생테스테프(St.Estèphe)
10	샤토 라 투르 카르네	Château La Tour Carnet	생로랑, 오메독 (St.Laurent, Haut-Médoc)

생키엠 크뤼(Cinquièmes Crus) : 5등급 포도원			
1	샤토 다르마이약	Château d'Armailhac	포이약(Pauillac)
2	샤토 바타이예	Château Batailley	포이약(Pauillac)
3	샤토 클레르-밀롱	Château Clerc-Milon	포이약(Pauillac)
4	샤토 크르와제-바쥐	Château Croizet-Bages	포이약(Pauillac)
5	샤토 그랑-퓌-뒤카스	Château Grand-Puy-Ducasse	포이약(Pauillac)
6	샤토 그랑-퓌-라코스트	Château Grand-Puy-Lacoste	포이약(Pauillac)
7	샤토 오-바쥐-리베랄	Château Haut-Bages-Libéral	포이약(Pauillac)
8	샤토 오-바타이예	Château Haut-Batailley	포이약(Pauillac)
9	샤토 린치-바쥐	Château Lynch-Bages	포이약(Pauillac)
10	샤토 린치-무사	Château Lynch-Moussas	포이약(Pauillac)
11	샤토 페데스클로	Château Pédesclaux	포이약(Pauillac)
12	샤토 퐁테-카네	Château Pontet-Canet	포이약(Pauillac)
13	샤토 도작	Château Dauzac	라바르드, 마고 (Labarde, Margaux)
14	샤토 드 테르트르	Château du Tertre	아르삭, 마고 (Arsac, Margaux)
15	샤토 클로 라보리	Château Cos-Labory	생테스테프 (St.Estèphe)
16	샤토 벨그라브	Château Belgrave	생로랑, 오메독 (St.Laurent, Haut-Médoc)
17	샤토 카망삭	Château Camensac	생로랑, 오메독 (St.Laurent, Haut-Médoc)
18	샤토 캉트메를르	Château Cantemerle	마코, 오메독 (Macau, Haut-Médoc)

소믈리에

소믈리에는 프랑스어이며, 영어로는 '와인 웨이터'다. 르네상스 시대에 왕과 귀족들의 시종으로 이 명칭이 사용되었는데, 소믈리에는 여행 중 식품과 와인을 준비해서 운반하는 '베트 드 솜'이라는 '짐 나르는 짐승'에서 유래된 말이다. 이들은 식품을 단순히 준비만 하지 않고, 그 상태를 확인해서 주인이 먹기 전에 맛을 보면서 독이 있는지 확인했다. 독이 있으면 소믈리에가 먼저 알 수 있었다. 여기에서 출발해 와인 서비스를 전담하는 직업으로 발전한 것이다.

소믈리에는 와인 저장실과 레스토랑 일을 맡아 보고, 모든 음료수에 대해서 책임을 지고 있는 사람이다. 그는 레스토랑의 모든 와인에 대해서 알고 있어야 하며, 나아가서는 와인의 세일즈맨이 되어야 한다. 단골손님의 취향을 파악하고, 주인과 와인에 대해서 의견을 교환할 수 있어야 한다. 그리고 손님의 즐거운 식사를 위해 돕는 일이 우선이라는 점을 항상 인식하고 있어야 한다. 그러기 위해서는 와인 리스트의 작성, 와인의 구입, 와인 셀러의 관리 및 기타비품을 관리해야 한다. 더 나아가 서비스맨으로서

인격을 갖추고 기획, 경영능력이 있어야 하며, 종업원의 와인 및 서비스 교육도 시킬 수 있어야 한다.

와인 주요 산지 특성

프랑스

와인 종주국 프랑스는 와인 양조용 포도가 자라기에 좋은 토양과 기후를 가지고 있다. 북쪽 지방에서는 청포도와 남쪽 지방에서는 적포도주를 주로 재배하며, 와인 품질 면에서 세계 제일을 자랑한다. 프랑스 와인은 라벨에 포도 품종을 표시하지 않는 경우가 많기 때문에 각 생산지역의 특징을 파악하지 않으면, 그곳에서 생산되는 와인이 어떤 것인지 알 수 없다. 그래서 생산지역의 지리적 위치와 포도 품종, 포도원의 명칭들을 미리 알아두는 것이 좋다.

프랑스 와인은 품질관리체계 법률인 '원산지 통제 명칭'인 AOC제도를 확립해서 포도 재배장소의 위치와 명칭을 관리해오고 있다. 프랑스의 대표적인 와인 생산지역은 보르도, 부르고뉴, 론, 르와르, 샹빠뉴, 알자스 등이 있다.

이탈리아

이탈리아는 와인 생산량과 소비량, 수출량에 이르기까지 세계 제일의 와인 생산국이다. 로마시대 이전부터 와인을 만들기 시작했으며, 로마시대에는 유럽 전역으로 포도가 전파되었다. 이탈리아 사람들은 와인을 마시지 않고, 먹는다고 한다. 빵이나 유유같이 하나의 식품으로 취급해왔기 때문에 품질에 대한 특별한 주의를 기울이지 않고, 오랜 세월 동안 일상생활 속에서 먹어온 것이다. 그러나 최근 이탈리아는 원산지를 통제하고, 규격을 정해 품질을 향상시키는 등 이탈리아 와인의 명성을 회복하기 위해 노력하고 있다.

와인 등급으로는 프랑스의 AOC제도를 모방해서 1963년부터 이 제도를 시행하고 있는데, 현재 약 200개의 DOC 명칭이 정해져 있다. 이 DOC는 포도 재배지역의 지리적인 경계와 그 명칭을 정하고, 사용되는 포도의 품종과 그 사용비율을 통제하며, 단위면적당 수확량을 제한하고, 알코올 함량을 정하고 있다. 최근에는 DOC보다 한 단계 위인 보증한다는 뜻의 'G'가 들어 있는 DOCG 제도를 도입해서 최고급 와인에 붙이고 있다.

이탈리아는 전 국토에서 와인이 생산되지만, 잘 알려진 곳은 토스카나, 피에몬테, 베네토 지방이다.

스페인

스페인의 포도밭은 세계에서 가장 넓지만, 단위면적당 포도의 생산량이 많지 않기 때문에 와인 생산량은 세계 3위를 차지하고 있다. 스페인은 날씨가 건조하고, 관개시설이 빈약해서 와인 생산성이 좋지 못했는데 최근 들어 이를 개선하고 있다. DO라는 원산지 통제제도를 만들어 실시하고, 새로운 품종을 도입해서 과학적인 관리방법으로 우수한 와인을 생산하려고 노력하고 있다.

대표적인 와인 생산지역으로는 리오하(Rioja)가 있는데, 스페인에서 가장 우수한 와인을 만드는 곳으로 알려져 있고, 레드 와인은 세계적으로 정평이 나 있다. 이곳은 프랑스 보르도 사람들이 건너와서 와인을 만들던 곳으로, 아직도 강직하고 텁텁한 보르도 스타일이 남아 있는 곳이다. 최근에는 제조방법을 개선해서 좀 더 신선하고 부드러운 느낌의 와인을 만들고 있다.

바르셀로나 남서쪽 해안을 따라 형성된 와인 산지인 빼네데스(Penedes)는 스페인에서 가장 혁신적인 방법으로 와인을 만들고 있는 곳이다. 이 지역의 와인은 2/3가 화이트 와인이며, 그중 대부분이 발포성 와인, 즉 까바(Cava)다.

독일

독일은 포도를 재배할 수 있는 지역 중 가장 북쪽에 위치하기 때문에 날씨가 춥고, 일조량이 많지 않아 주로 화이트 와인을 생산하고 있다. 하지만 최근에는 좋은 품질의 레드 와인 생산에도 연구와 노력을 기울이고 있다. 독일의 화이트 와인은 오래전부터 잘 알려져 있고, 특히 라인과 모젤 와인은 세계적으로 유명하다. 독일의 화이트 와인은 알코올 함량이 비교적 낮은 편이며, 신선하고 균형 잡힌 맛으로 값도 비싸지 않아 마시기 좋은 와인이다.

독일 와인은 포도밭으로 등급을 정하지 않고, 수확 때 포도의 숙성도에 따라 등급을 정하는 것이 특징이다. 독일은 추운 지방이라 기후의 영향을 많이 받기 때문에 빈티지가 특히 중요하다. 고급 독일 와인을 분류하는 제도인 쿠발리테쯔 바인 미트 프레디카트(QmP)는 독일 와인의 32%를 차지하고 있다. 가볍고, 약간 스위트한 와인으로는 대중적인 카비넷(Kabinett)이 있고, 늦게 수확해서 만든 와인이란 뜻의 스페트레세(Spatlese)가 있으며, 선택적으로 과숙한 포도만을 수확해서 만든 와인이란 뜻의 아우스레세(Auslese)도 있다. 그리고 베렌아우스레세(Beerenauslese)는 포도 알맹이가 쭈글쭈글해져 달콤한 포도 열매만을 선택적으로 수확해서 만든 와인이며, 트로켄베렌아우스레세(TbA)는 건포도와 같이 열매를 건조시킨 다음에 만든 스위트 와인이다. 아이스바인(Eiswein)은 얼린 포도를 녹이지 않고 바로 즙을 짜서 만든 달콤한 와인이다.

대표적인 와인 생산지역은 아르(Ahr), 미텔라인(Mittel Rhein), 모젤자르쿠베르(Mosel-Saar-Ruwer), 라인가우(Rheingau) 등이 주요 산지다.

미국

미국에는 200여 년 전에 프란체스코 선교사들에 의해서 포도재배가 시작되었으며, 19세기 중반에 유럽에서 많은 포도 품종들이 도입되었다. 그러나 1919년부터 1933년 사이의 금주령 등 어려운 고비를 넘기고, 20세기 중반 무렵에서야 발전하기 시작했다. 최근 30년 사이 미국의 와인 사업은 비약적인 성장을 했는데, 특히 고급 캘리포니아 와인은 유럽 와인들과 경쟁할 정도로 성장했다. 업체들은 기술 혁신과 마케팅에 뛰어나며, 현대적 설비를 갖추고 대량 생산을 하는 곳이 많다.

최근 소량 고품질 와인으로 계약 판매되는 컬트 와인(Cult Wine)들도 등장하고 있으며, 와인 맛은 세계적인 수준이다. 그리고 캘리포니아 데이비스대학(UC Davis)은 와인 연구로 유명해서 유럽에서도 와인을 배우러 오고 있으며, 최근에는 유럽의 와이너리들의 투자도 늘어나고 있다.

미국 와인은 90% 이상이 캘리포니아 주에서 생산되는데, 이곳은 이상적인 기후 조건에 풍부한 자본과 우수한 기술을 적용해서 세계적인 품질의 와인을 생산하고 있다. 캘리포니아의 와인

산지를 보면 북부해안 지방으로는 나파 밸리(Napa Vally)가 가장 유명하며, 고급 와인은 이곳에서 생산되고 있다. 그리고 최근에 고급 와인 산지로 유명해진 소노마 카운티(Sonama County)에서도 부드러운 와인을 만들고 있다.

칠레

칠레의 레드 와인은 가격 대비 좋은 와인으로 알려져 있다. 게다가 2004년 4월부터 시작된 우리나라와 칠레 간 자유무역협정(FTA)으로 칠레 와인에 대한 사람들의 관심이 커졌고, 수입 또한 급성장하게 되었다. 1551년에 포도를 심고, 1555년부터 와인을 만들었지만, 1800년대 프랑스에서 까베르네 쇼비뇽과 메를로를 수입하면서 본격적으로 와인 생산을 시작했다. 19세기 포도에 자생하는 진딧물의 일종인 필록세라를 피해서 온 프랑스, 이탈리아, 독일 이주민들이 기술을 개발했다. 스페인이나 이탈리아보다는 프랑스의 영향을 많이 받았다. 따라서 포도 품종과 와인을 만드는 방법 등 프랑스식이 많다.

그러나 1938년 칠레 정부가 새로운 포도밭 조성을 1974년까지 금지해 침체기에 들어섰다가 1980년부터 스테인레스 탱크에서 발효시키면서 옛 기술과 함께 다시 발전하기 시작했다. 1955년에 불과 12개이던 포도원이 현재는 70개 이상으로 증가했고, 비교적 좋은 와인으로 정평이 나 있다. 특징으로는 화이트를 오크통에서 오래 숙성하는 이유로 색깔이 진하고 나무 향이 강한 반면, 레드 와인의 경우 잘 숙성되어 까베르네 쇼비뇽과 메를로 품종의 와인은 최상의 품질을 유지하고 있다. 그리고 까르메네르(Carmenere)로 만든 와인은 맛이 부드러워 최근에는 우리나라에서도 널리 알려졌다.

호주

호주 와인은 1820~1830년대부터 스코틀랜드 출신 제임스 버즈비(James Busby)가 유럽 포도 품종을 도입해 헌테 밸리에 심은 것이 최초다. 영국이 가장 큰 수출 시장이다. 영어권에서 뉴질랜드와 더불어 1인당 와인 소비량이 제일 많으며, 500여 개 이상의 와이너리가 있다.

포도밭은 주로 사우스 오스트레일리아(South Australia), 웨스트 오스트레일리아(West Australia), 뉴사우스 웨일즈(New South Wales), 빅토리아(Victoria) 주에 있으며, 다양한 종류의 와인이 생산되고 있다. 와이너리는 현대적 시설을 갖추고 있으며, 100년 이상 가족 위주 경영으로 자부심이 강하다. 또한 품질도 향상시켜 와인 발전에 기여했으며, 현재는 합병을 통해 거대 기업으로 발전하고 있다.

호주 와인은 대부분 상표에 포도 품종을 표시하고 있다. 그리고 다른 품종끼리 블렌딩한 와인도 많다. 호주 와인은 1960년부터 본격적으로 시작해 1980년대부터 세계적인 와인으로 성장했으며, 수출하는 와인이 많다.

포도 품종은 거의 유럽 품종을 재배하고 있는데, 화이트로는 리슬링, 세미용이 많으며, 레드는 프랑스에서 시라라고 부르는 쉬라즈(Shiraz), 그르나쉬, 까베르네 쇼비뇽, 메를로, 삐노 누아르 등이 재배된다. 보통 한 포도 품종이 80% 넘으면 포도 품종 이름을 표시하는데, 전통적으로 두 가지 이상의 품종을 혼합하는 블렌딩 와인이 많은 편이다.

와인 라벨(레이블) 읽기

신세계 와인 생산국인 미국, 칠레, 호주 등은 와인 라벨 표기가 나라마다 조금씩 다르다. 일반적으로 생산자, 즉 양조 회사의 브랜드가 중시되며, 포도 품종을 기재한다. 주로 단일 품종인 까베르네 쇼비뇽, 메를로, 쉬라즈, 샤르도네 등이 표시되며, 두 품종 이상을 섞어서 블렌딩한 경우 이 품종들을 함께 표기하기도 한다. 또한 영어권의 와인 생산국에서는 라벨이 영어로 표기되어 유럽 와인 라벨보다 읽기가 더 쉬운 특징이 있다.

라벨에 표기되는 내용은 원산지 명칭, 브랜드 이름, 와인 등급, 포도 품종, 빈티지, 와인 생산자 및 병입자의 이름, 알코올 도수, 용기 내 와인 용량, 생산국가 등이다. 구세계의 대표적인 프랑스 와인 라벨은 브랜드 이름, 원산지 명칭, 와인 품질 등급, 빈티지(포도 수확 연도), 와인 생산자의 이름과 주소, 샤토 직접 병입 표시, 알코올 도수, 용기 내의 와인 용량, 생산국가 등이 표기된다.

라벨에 들어 있는 정보들

1. 생산국가 : 어느 나라에서 생산했는지 표시한다.

2. 포도 품종 : 까베르네 쇼비뇽, 샤도네이 등 어떤 포도 품종으로 만들었는지 나타낸다.

3. 빈티지 : 포도를 수확한 해가 언제인지 표시한다.

이 외에 원산지명, 브랜드 이름, 와인 등급, 생산 국가, 병입 장소, 알코올 도수, 용기 내 와인 용량 등의 정보들이 담겨 있다.

❶ 제조업체 ❷ 빈티지(포도 수확 연도) ❸ 브랜드 이름
❹ 와인 등급 ❺ 병입 장소 ❻ 알코올 도수
❼ 생산 국가 ❽ 원산지명 ❾ 용기 내 와인 용량

와인 구매하기

와인을 위주로 판매하는 전문 매장이 꾸준히 늘고 있다. 바야흐로 와인이 대중화의 물결을 타고 있는 것이다. 이러한 와인 전문점들에서는 와인 판매직원들이 원하는 와인과 가격대에 맞게 와인을 추천해주기 때문에 초보자들이 쉽게 와인을 구매할 수 있는 장소다. 단골 고객이 되면 안내를 받을 뿐 아니라, 수시로 시음회나 강좌에 초청되어 다양한 와인들을 시음할 수 있는 기회도 가질 수 있다.

그리고 상대적으로 저렴한 와인을 많이 파는 대형할인점에서도 와인 매장이 확장되고 있다. 이제는 가까운 편의점에서도 와인을 손쉽게 살 수 있다. 일반적으로 백화점과 와인 전문점은 고가의 와인이 많은 것이 사실이지만, 품질 대비 저렴한 와인들도 구매할 수 있다. 요새는 와인 아울렛 매장이 생겨서 다량의 와인을 구매할 때 많이 이용하기도 한다.

07 레스토랑에서 와인 주문하기

와인을 취급하는 식당이라고 하면 호텔 같은 곳의 고급 양식 레스토랑을 생각하는 사람들이 많겠지만, 이제는 패밀리 레스토랑, 일식당, 중식당, 한식당에서도 와인을 많이 즐긴다.

먼저 식사할 음식을 생각하면서 메뉴판을 보고, 취급하는 와인의 종류를 파악해서 가격대를 결정한다. 보통 주머니 사정을 고려해 한두 사람의 음식값 정도에 해당되는 가격의 와인을 주문하는 것이 무난하다.

주문할 와인의 수량은 테이블의 인원수를 기초로 계산해서 보통 저녁 식사를 할 때 한 사람당 반병 기준으로 잡으면 무난하다.

레스토랑의 와인 리스트는 대체적으로 나라별, 와인 종류별로 작성되어 있는데, 평소 와인 리스트를 틈틈이 봐두는 것도 와인을 고르는 데 도움이 된다. 와인 리스트를 보고 마시고 싶은 와인을 시키면 되는데, 무슨 와인을 골라야 할지 망설이게 될 때 와인 전문 서비스를 담당하는 소믈리에에게 가격과 원하는 와인 타입을 요청하면, 주문할 음식에 어울리는 좋은 와인을 조언해줄 것이다.

와인 주요 용어

코르크 차지(Cork Charge)

보관하고 있는 와인을 레스토랑 또는 와인 바에 들고 가서 마실 경우, 서빙 받는 조건으로 와인 가격의 일부 또는 병당 내는 일정 금액

코르크(Cork)

와인 병마개로 사용되는 탄력이 뛰어난 재료

셀러(Cellar)

불어로는 캬브(Cave)라고 하며, 발효가 끝난 와인을 숙성시키기 위해 보통 지하에 만든 장소를 말한다. 지하 저장소가 없는 한국에서는 와인 셀러라고 하면 와인을 보관하는 냉장고를 일컫는다.

그랑크뤼(Grand Cru)

프랑스적인 개념으로 일정 지역이나 AOC 안에서 생산되는 최고급 와인의 품질을 구분하기 위한 순위 등급으로 각 지역마다 등급 규정이 조금씩 다르다.

디켄팅(Decanting)

병에 있는 와인을 마시기 전 침전물을 없애기 위해서 또는 공기와 접촉을 충분히 시키기 위해 깨끗한 용기(디켄터)에 와인을 옮겨 따르는 것

떼루와르(Terroir)

프랑스어로 와인을 재배하기 위한 제반 자연조건을 총칭하는 말. 토양, 기후, 포도 품종, 기술 등이 떼루아르를 구성하는 주요 요인

매그넘(Magnum)

750ml짜리 일반 와인 병보다 두 배 큰 와인 병

바디(Body)

맛의 진한 정도와 농도, 또는 질감의 정도를 표현하는 와인 용어. 바디가 있는 와인은 알코올이나 당분이 더 많은 편이다.

밸런스(Balance)

와인을 평가할 때 사용되는 용어. 산도, 당분, 탄닌, 알코올 도수와 향이 좋은 조화를 이루는 맛을 느낄 때 밸런스가 있다고 말한다.

아로마(Aroma)

포도 품종에서 형성되는 특유의 향과 발효 과정 시 생성되는 채소 꽃향

부케(Bouquet)

주로 와인 숙성과정에 의해 생기는 와인의 복합적인 향기

빈티지(Vintage)

와인을 제조하기 위해 포도를 수확한 연도. 기후 조건이 매년 다르기 때문에 빈티지에 따라 포도의 품질도 달라진다.

소믈리에 (Sommelier)

와인이 있는 고급 레스토랑 또는 와인 바에서 와인을 관리하고 서빙하는 전문 웨이터

테이블 와인(Table Wine)

원래는 14% 미만의 알코올 도수를 함유한 모든 와인들을 총칭하는 것으로, 식사 도중에 즐길 수 있는 와인을 일컫는다. 일반적으로 저렴하고, 가볍게 즐길 수 있는 하우스 와인의 의미로 쓰고 있다.

09 와인 보관 방법

와인의 보관 방법을 몰라서 많은 사람들이 와인 맛은 원래 시큼털털하다고 느끼고 있는 경우가 많다. 하지만 와인 맛은 과일향이 풍부하면서 포도 품종에 따라 다르고, 좋은 맛이 난다.

최근까지 2,000여 차례 강의하면서 수강생과의 대화 중 알게 된 사실 하나는 와인을 오래 보관하면 좋은 줄 알고 집 아무 데서나 보관한다는 것이다. 그것도 와인을 세워놓고 그냥 보관하는 집이 많다. 대개 아무 생각 없이 세워서 보관한 와인은 1, 2년 이상 보관하면 거의 쉬어버린다. 정상이 아닌 와인을 마시다 보니 그 맛이 산화되어 시큼털털하기 때문에 대부분의 사람들은 와인 맛이 시큼털털하다고 생각하는 것이다.

양주는 오크통 속에서는 숙성되지만, 병에 담으면 숙성이 멈춰버리는 특성이 있다. 그래서 양주는 마시다 남으면 키핑이 되지만, 와인은 오크통 속에서와 마찬가지로 병에 담아도 숙성이 계속되기 때문에 키핑이 어렵다. 와인은 살아 숨 쉬고 있기 때문에 맛이 서서히 변화하다가 정점에 이르고, 결국에는 수명을 다하게 된다. 그런데 이러한 기간은 와인의 종류와 타입에 따라 달라진다. 대체로 알코올 도수가 높고 탄닌이 많은 와인일수록 오래 보관할 수 있다. 같은 타입의 와인이라면 보관상태에 따라 수명이 달라질 수 있다. 대부분의 와인은 제조한 지 1~3년 내에 소비되지만, 고급 와인들은 대체로 10년, 20년까지도 보관이 가능하다.

와인 병은 눕혀서 보관해야 한다. 그 이유는 세워서 오래 보관하면 코르크 마개가 건조해져서 외부로부터 공기가 들어와 와인을 산화시킬 수 있기 때문이다. 와인이 산화된다는 것은 식초로 변하는 과정이라고 할 수 있다. 하지만 눕혀서 보관하면 와인이 코르크 마개로 스며들어 코르크가 팽창하므로, 외부로부터 공기가 많이 들어올 수 없다. 또 와인의 산화를 촉진시키는 것은 햇빛을 포함한 강한 광선, 높은 온도 그리고 심한 진동이다.

고급 레드 와인을 오랫동안 보관해 숙성된 맛을 즐기려면 보관하기 적절한 환경에서 알맞은 방법으로 보관해야 한다. 실제로 햇빛이 없고, 진동이 없는 장소를 찾기는 어렵지 않지만 이상적인 온도와 습도에서 저장하는 것은 쉽지 않을 것이다. 이상적인 온도는 14도~16도 정도인데, 이 온도는 특별한 장치가 되어 있지 않으면 지속시킬 수 없다. 그러나 전문가의 의견에 의하면 약 20도에서 보관해도 그 온도의 변화가 심하지만 않다면 몇 년 정도는 크게 문제가 없다고 한다.

일반적으로 식품을 저장할 때 온도가 높은 것보다는 온도의 잦은 변화가 식품의 수명을 더 짧게 한다. 보통 지하실이나 냉방이 잘된 집이라면 크게 문제가 없겠지만, 레스토랑이나 와인 바는 와인을 보관하는 전용 냉장고를 갖추고 있어야 한다. 프랑스의 전통 있는 포도원들은 지하 캬브(Cave)를 보유하고 있는데, 와인 병 표면에 두터운 먼지가 쌓이고 곰팡이가 낄 정도로 어둡고 서늘하며, 안정된 곳에서 와인을 보관하고 있다.

결론적으로 와인을 맛있게 마시려면, 온도와 습도가 일정하고, 햇빛을 차단하면서 진동이 거의 없는 와인 셀러에 보관하는 것이 가장 좋다. 하지만 와인 셀러가 없는 가정에서는 햇빛과 진동이 없고, 온도와 습도가 일정한 장소를 찾아서 와인을 눕혀서 보관하시길 권한다.

10 와인의 정의

와인을 두 가지로 분류할 수 있다.

광의의 와인

발효시킨 모든 술을 광의의 와인이라고 한다. 막걸리도 라이스 와인이고, 복분자 와인, 애플 와인 등도 와인이다.

협의의 와인

포도를 발효시킨 것만 협의의 와인이라고 한다. 와인 매니아들이 보통 와인이라고 하면 포도주를 의미한다.

* 포도 품종은 하나만 있는 것이 아니라 식용과 양조용(와인 만드는 품종)이 따로 있다. 식용 포도는 혼자 발효가 안 되기 때문에 설탕이나 소주를 섞는 반면, 양조용 포도는 껍질에 효모가 있기 때문에 혼자 발효되는 천연식품이다.

다른 모든 술은 산성인 데 비해 협의의 와인 중 양조용 포도로 만든 포도주만 알칼리다.

CHAPTER 03

Penser nature
Penser nature
Penser nature
Penser nature
168
168

ESTD 1884
와인과 사람
그리고 행복
Penser nature
Kaboulo
2016

와인 동호회 만들기

와인을 통해 인생의 친구를 만난다는 것은 참 행복한 일이 아닐 수 없다. 이러한 친구를 만나기 위해서는 와인과 우선 친해져야 하는데, 와인과 친해지는 제일 좋은 방법은 다양하게 와인을 마셔 보는 것이다.

보통 와인은 750*ml* 인데 혼자 다 마시기에는 좀 많기 때문에 와인을 좋아하는 마니아들과 나누어 마시는 것이 좋다. 와인 마니아들을 모아서 와인 동호회를 만들어 정기적으로 많은 와인을 맛보는 것도 좋은 방법 중 하나다.

와인 동호회를 만드는 방법은 두 가지가 있는데, 첫째는 회사 내에서 동호회를 만드는 방법과 회사 외에 직업이 다양한 사람들과 동호회를 만드는 방법이 있다. 두 가지 방법 나름대로 장점이 있는데, 필자는 두 가지 모두 활동하기를 권하고 싶다. 회사 내에 와인 동호회를 만들면 참여 직원 간의 유기적인 관계에 힘입어 업무추진이 원활하게 되는 장점이 있다. 한편 회사 외의 와인 동호회는 사회생활을 하는 데 있어 다양한 직업을 갖고 있는 좋은 사람들과의 만남으로 각종 간접경험을 많이 할 수 있는 장점이 있다.

혼자만의 시간보다 회사 내외의 좋은 사람들과의 만남을 통해 정신적인 건강과 육체적인 건강에 도움이 되도록 와인 동호회를 만들거나, 와인 동호회에 가입해서 활동하기를 권하고 싶다.

와인 동호회 운영 방법

좋은 사람들을 만나려면 내가 매력적인 사람이 되어서 상대방의 마음을 움직여야 하는 것이 기본이다. 상대방의 마음을 잡는 데는 와인만큼 좋은 것을 보지 못했다. 와인 동호회가 활성화되려면, 즉 회원들이 중간에 도태되지 않고 꾸준히 모임에 나오기 위해서는 회원들을 몰입 2단계(백화점이나 마트 등에 가서 와인을 구매할 수 있는 단계)까지 끌어올려줘야 한다. 만날 때마다 그저 와인만 마시고 취해서 가는 동호회는 오래갈 수가 없기 때문이다.

강남 와인 동호회 등 10여 개의 와인 동호회를 설립해서 활동하고 있는 필자의 경험상 운영에 대한 기본 원칙은 다음과 같다.

첫째, 정기모임 일자를 지정한다.

예를 들어 매월 둘째 주 목요일(두목회)이라든지, 짝수 월 첫째 주 수요일(수초회) 등을 정해서 동호회원들이 모임 일자에 우선적으로 참여할 수 있도록 한다.

둘째, 직업이나 주특기가 다른 회원 15명을 모집한다.

직업이나 주특기가 같은 사람들만 만나면 다양한 정보를 듣기가 힘든 것이 사실이다. 초고령화 시대에 적응하려면 내가 모르는 다양한 지식과 정보를 습득하는 노력이 필요하다.

회원들이 너무 많으면 좋은 정보를 나누는 데 분위기가 집중이 안 되어 애로사항이 있다. 10명 정도가 가장 효율적인 인원이며, 1명이 이야기할 때는 다른 사람과 이야기를 중지하고 전원 경청을 하는 자세가 필요하다.

필자의 경험으로는 평균적으로 30%는 모임에 못 나오기 때문에 10명 내외가 참석한다. 왜냐하면 모임에 나오는 우선순위가 있기 때문이다.

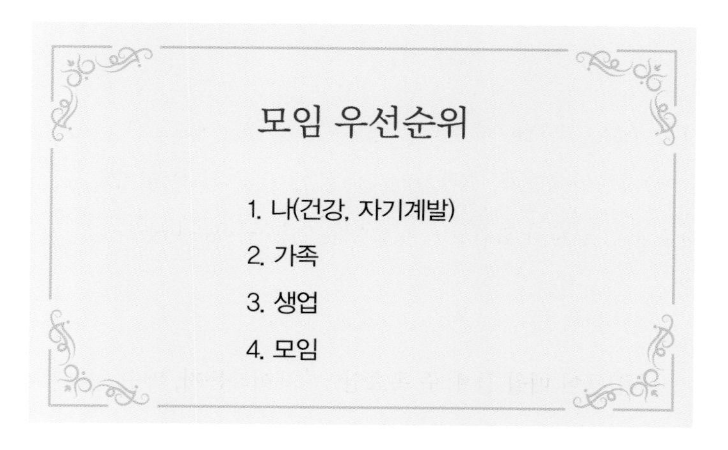

셋째, 회원들이 몰입 2단계가 되도록 와인 기초지식을 공유한다. 회원들이 몰입 2단계가 되기 전에는 리더가 와인을 준비해서

모임을 진행한다. 왜냐하면 몰입 2단계가 안 되면 와인을 가져오라고 하면 무슨 와인을 가져갈지 고민하기 때문이다. 모임 때 와인 기초지식을 전해주면 좋을 것이다.

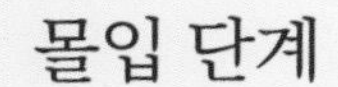

몰입 1단계

와인에 대해 관심이 생긴다. 예를 들면 신문이나 잡지를 보다가 와인이라는 글자가 보이기 시작하며, 동네 입구에 있는 와인 샵이 보이기 시작한다. 사실은 몇 년 전에 생긴 와인 샵인데 관심이 생기면서 보인다는 의미다.

몰입 2단계

와인을 본인이 구매해서 마시기 시작한다. 전에는 와인 종류를 잘 몰라서 구매를 못했는데, 와인에 관심이 생기면서 품종별, 또는 나라별로 직접 하나씩 구매해서 마셔 보기 시작하는 단계다.

몰입 3단계

와인에 대한 관심이 높아져서 소믈리에 코스를 가르치는 학원을 다니면서 정식으로 소믈리에 교육을 받는

단계다.

몰입 4단계

이 정도 단계이면 와인 업계의 오피니언 리더다.

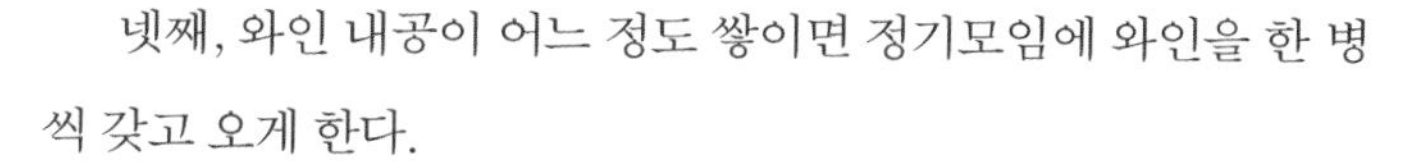

넷째, 와인 내공이 어느 정도 쌓이면 정기모임에 와인을 한 병씩 갖고 오게 한다.

갖고 온 와인에 대한 이야기를 나누면 즐겁고 재미있는 모임이 된다. 와인(양조용 포도로 만든 와인)은 전 세계적으로 다양하게 약 10만 병 이상 생산되기 때문에 회원들이 한 병씩 갖고 오더라도 같은 와인을 가져오는 경우가 거의 없다.

다섯째, 돌아가면서 선한 경험담을 이야기한다.

한 사람이 너무 많은 이야기를 하지 말고, 참석회원들이 돌아가면서 일정 시간(3~5분간) 동안 겪었던 선한 경험담을 이야기하도록 한다. 한 사람이 이야기를 많이 하면 모임이 깨지는 경우가 많다. 만약 한 사람의 이야기가 길어지면 살짝 "10초 남았어요"라고 진행하는 센스가 필요하다. 직업이 다양한 회원들의 이야기들을 경청하면 좋은 정보로 이어지기 때문에 참석한 회원들은 다음 번 모임이 기다려진다.

여섯째, 주특기가 다른 회원들이 모임 때마다 돌아가면서 20분씩 특강을 한다.

내가 평소 접하지 않은 좋은 정보들을 접할 수 있는 기회가 되기 때문에 회원들이 빠지지 않고 참석한다.

일곱째, 회원들이 진행하는 20분 특강이 끝나면 외부 게스트를 모셔와서 20분 특강을 진행한다.

대부분 게스트는 공인된 사람들이 오기 때문에 좋은 사람들이 많다. 게스트와 명함을 교환한 뒤 72시간 내에 내가 먼저 문자로 인사를 해서 좋은 인맥을 쌓는다(72시간 법칙).

여덟째, 3년 이상이 된 사람이 내 사람이다.

비즈니스나 취하기 위해서나 이성 간 교제 등 다른 목적이 있어 모임에 오는 사람은 좋은 관계가 오래 못 가는 특성이 있다. 그러나 와인을 통해 만남을 정기적으로 갖게 된다면 평생 친구가 될 수 있다. 22년 동안 23여 개의 와인 동호회를 만들고 활동하면서 깨달은 것은 와인으로 3년 이상을 만나면 서로 신뢰가 생기는 것 같다. 이러한 신뢰가 쌓인 뒤에는 서로 무엇을 하든 간에 자연스럽게 도와주게 된다.

갖고 온 와인을 마시는 순서

우선 가져온 와인 중 상당히 고가의 와인이 있다면 그 와인부터 마신다. 왜냐하면 나중에 마시면 본연의 맛을 못 느낄 수 있기 때문이다. 그다음에는 스파클링 와인, 샴페인 → 화이트 와인 → 레드 와인 → 스위트 와인을 마신다.

레드 와인은 품종이 순한 것부터 마신다. 예를 들면 피노누아 → 멜로 → 시라 → 카베르네 쇼비뇽순이다.

03 비즈니스에 필요한 와인 에티켓

와인은 내가 만족하면 그만이다. 혼자 있다면 욕조에 몸을 담그면서 마시든, 책을 보고 다리를 꼬면서 마시든, 아무렇게나 내가 편한 대로 만족하면서 마시면 그만인 것이다.

그런데 비즈니스 자리에서 자주 마시는 와인은 여러 명이 있을 때 특히 조심해야 한다. 실제로 비즈니스 상황에서 와인을 마실 때 와인 에티켓을 몰라서 낭패를 보는 경우가 많이 발생한다. 반대로 에티켓을 잘 알아서 비즈니스에 도움이 되는 경우도 상당수 있다. 다음과 같은 와인 에티켓을 몇 가지만 알아도 비즈니스에 도움이 될 것이다.

1. 와인을 받을 때는 와인 잔을 들지 말고 식탁 위에 그냥 놔둔다

와인 잔을 들어서 받으면 따르는 사람이 불편하다. 와인은 상대방을 배려해주는 매너 문화가 있다. 받을 때 손가락을 와인 잔 받침 부분 끝에 살짝 갖다대주면 서빙하는 사람이 감동을 받게 된다. 상대를 존중한다는 뜻이기에 이러한 사람은 어디를 가나 융

숭한 대접을 받을 수 있다.

2. 와인 잔을 잡을 때는 와인 잔 윗부분이 아닌 아래 다리 부분을 잡는다

왜냐하면 애써 맞춰놓은 와인의 온도가 체온으로 인해 변할 수 있기 때문이다. 물론 차가워진 레드 와인을 시음하기 적정 온도인 18도~20도를 맞추기 위해 체온으로 어느 정도 맞추어서 마시기 위해 가끔 윗부분을 잡는 고수도 있다.

3. 마실 때는 와인 잔 바닥을 비우지 않는다

어느 정도 밑에 와인을 남기면서 마시는데, 계속 첨잔을 해서 마신다. 물론 원샷을 하면서 끝까지 마시는 분들도 종종 볼 수 있는데, 이러한 분들은 원활한 비즈니스를 기대하기 어려울 것이다.

4. 그만 마시고 싶을 때는 상대방이 와인을 따라줄 때 손바닥을 와인 잔 몸통 옆에 살짝 갖다댄다

5. 와인을 따를 때에는 와인 방울이 튀지 않기 위해 다 따르고 나서 끝을 살짝 돌려준다

6. 와인 잔을 마시고 나서 상대방에게 돌리지 않는다

가끔 원 샷을 하면서 상대방에게 와인 잔을 내미는 사람도 눈에 띄는데, 와인 에티켓에 맞지 않는 행동이다.

7. 부케 향을 맡기 위해서 와인 잔을 돌릴 때는 시계 반대방향, 즉 왼쪽으로 돌린다

와인 잔을 시계방향인 오른쪽으로 돌리다가 만약 와인이 튀면 상대방에게 튀기 때문에 만약 와인이 튀더라도 나에게 튀게 하기 위해 왼쪽으로 돌리는 배려가 필요하다.

8. 와인을 주문할 때 가격을 이야기하는 것은 실례가 아니다

거래처를 모시고 와인 바나 레스토랑에서 와인을 주문할 때 "여기 분위기에 맞는 것으로 얼마짜리 주세요"라고 하는 것은 센스 있는 행동이다. 가끔 생기는 일인데 와인 리스트를 보고 주문했는데, 금액을 잘못 봐서 10만 원짜리 와인으로 알고 마셨는데 계산할 때 100만 원을 내야 하는 경우도 있다.

9. 와인을 마시는 동안 건배를 할 때는 눈을 보면서 건배를 한다

만약 눈을 보기 힘든 사람은 미간(눈썹과 눈썹 사이)을 보면서 건배를 한다. 또한 주변 사람들과 눈이 마주치면 눈을 피하거나 찡그리지 말고, 눈을 마주 보고 웃으면서 계속 건배를 한다. 와인은 건배로 시작해서 건배로 끝난다는 이야기도 있다.

10. 가격이 비싸거나 귀한 와인을 와인 바나 레스토랑에서 주문해서 마실 때는 한 잔 정도는 남겨놓고 나오는 센스가 필요하다

(저렴하고 대중적인 와인을 남겨놓거나 권하면 오히려 실례가 될 수 있다)

그래야 서빙했던 소믈리에나 종업원이 맛을 볼 수가 있다. 이런 센스 있는 분들은 다음에 가면 극진한 대우를 받는다.

와인 동호회 회원 교류

사람은 한 직장에서 평생 있지 못하는 것이 현실이다. 빠르면 40대 중반, 늦어도 50대는 직장에서 퇴직을 하는 것이 보통이다. 그러나 최근에는 100세 시대이기 때문에 인생 2모작, 인생 3모작을 준비해야 하는 실정이다.

평소에 같은 직장사람과 같은 업종의 사람만 만난다면 우물 안 개구리식으로 편협한 정보만 갖게 되기 때문에 시간이 날 때마다 직업과 업종이 다른 좋은 사람과 교류하기를 권하고 싶다. 필자가 10여 개의 와인 동호회를 운영해오면서 내린 결론은 본인에 맞는 와인 동호회에 가입해서 직업과 업종이 다양한 좋은 사람들과 꾸준하게 교류하는 것이 좋다는 것이다.

와인 모임과 신뢰성

단순히 비즈니스에 필요해 사람을 만나면 좋은 관계가 오래 못 가는 특성이 있다. 왜냐하면 비즈니스 관계가 끝나면 소원해지기 때문이다. 그러나 와인을 통해 만남을 정기적으로 갖게 된다면 평생 친구가 될 수 있다. 22년 동안 10여 개의 와인 동호회를 활동하면서 경험한 것은 와인으로 3년 이상을 만나면 서로 신뢰가 생기는 것 같다. 이러한 신뢰가 쌓인 이후에는 서로 무엇을 하든 간에 자연스럽게 도와주는 것을 느꼈다. 그래서 좋은 사람을 꾸준히 만나기 위해서는 새로운 와인을 같이 맛보는 노력이 필요하다고 생각한다.

와인 선물 고르기

와인을 선물 받는 상대방이 와인을 모르면 절대 와인을 선물하지 않는 것이 불문율이다. 왜냐하면 와인을 모르면 아무리 좋은 와인을 선물해도 잘 모르기 때문이다. 굳이 선물을 한다면 와인 말고, 일반적으로 잘 알고 있는 양주나 다른 과실주 등을 선물하는 것이 좋다. 한편, 와인을 잘 아는 사람에게 선물한다면 선물 받는 사람이 좋아하는 와인을 물어보거나, 가격 대비 괜찮은 와인을 골라서 선물한다면 상대방이 감동할 것이다.

와인 선물 고르기를 간단하게 정리하면 다음과 같다.

선물 받는 분이 와인을 잘 아는 분이면

스토리 있는 와인을 가격에 맞추어서 한 병 선물한다. 왜냐하면 와인을 잘 아는 분들은 스토리 있는 와인을 선호하는 경향이 있다.

선물 받는 분이 와인을 잘 모르는데 즐겨 드신다면

한 병 드리면 상대가 서운해하는 경향이 있으므로 두 병을 선물하는데, 가급적 레드 와인으로 두 병을 선물한다. 왜냐하면 화이트 와인과 레드 와인 두 병을 선물하면 와인을 시음할 때 적정 온도를 잘 모르기 때문에 차게 마셔야 하는 화이트 와인은 집에 쌓아두는 경우가 많다.

* 와인 시음 적정 온도
레드 와인 : 18도~20도
스파클링 와인, 샴페인, 화이트 와인, 로제 와인, 스위트 와인 : 10도 이하

와인 이외에 액세서리도 선물하면 좋다

와인 마개를 따는 와인 따개, 와인 잔, 남은 와인을 막아 놓을 때 쓰는 와인 진공펌프 등의 액세서리도 훌륭한 선물이 될 수 있다.

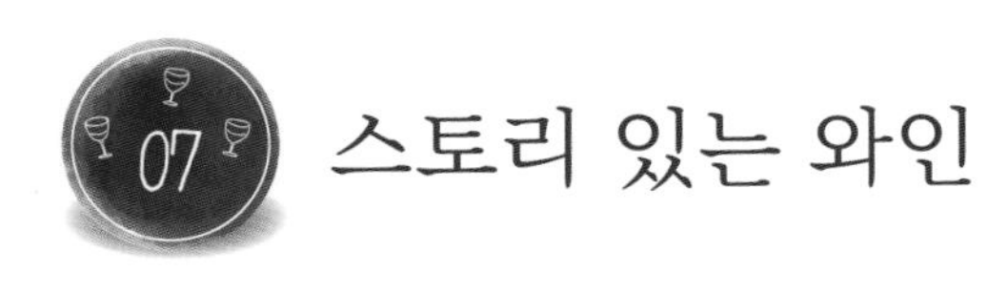

스토리 있는 와인

와인은 저마다 스토리가 있다. 그 와인의 스토리를 알고 선물하거나 마시면 더욱 즐거워질 수 있다.

1865

1865 와인은 골프 치는 사람들한테 인기가 좋다. 1865 와인을 선물하면서 "18홀에 65타를 기원한다"라는 말을 건네면, 받는 사람들이 백이면 백 다 좋아하기 때문이다. 원래 칠레 와인으로 창업년도가 1865년이기 때문에 와인 이름을 1865로 지었는데, 국내에 들어오면서 '18홀에 65타'라는 와인 스토리를 입힌 마케팅의 성공 작품이 되었다.

샹베르텡

'샹베르텡'이라는 프랑스 부르고뉴 와인은 '건승, 파이팅, 승리'라는 스토리가 있는데, 나폴레옹이 전쟁터에 나갈 때마다 한 잔씩 마시고 나가서 승리를 했기 때문에 붙은 스토리다. 마지막 전쟁터인 워털루 전쟁에는 나폴레옹이 깜빡 잊고 안 마시고 나가서 졌다는 이야기도 있다.

알마비바

알마비바는 칠레의 명품 와인인데, '성공적인 합작, 상생의 관계'라는 스토리를 가지고 있다. 프랑스 보르도의 명품 와인 생산자와 칠레의 생산자가 성공적으로 합작해 만들었기 때문에 붙은 스토리다. 파트너사와 합작을 할 때 같이 마시면서 스토리를 이야기하면 좋을 듯하다.

샤토 네프 뒤파프

샤토 네프 뒤파프는 프랑스 론지역 와인인데, 13가지 포도 품종을 블렌딩해서 만든 우수한 와인이다. 그렇기 때문에 협조, 팀워크, 단합을 잘하기 위해서 같이 마시는 와인으로 알려져 있다. 13가지 포도 품종을 섞었는데도 결과가 좋은 와인이기 때문이다. 단합행사나 화합을 위한 자리에서 스토리를 이야기하면서 건배하면 좋을 듯하다.

깔롱 세귀

깔롱 세귀는 라벨에 하트 모양이 있어 사랑의 의미를 담고 있다. 라벨에 하트가 그려져 있는 와인은 깔롱 세귀가 유일하고, 코르크 마개에도 하트 모양이 있어 사랑의 의미가 더욱 견고하게 전해진다. 따라서 청혼할 때 많이 사용되고, 결혼기념일 등에도 사용된다.

투핸즈

투핸즈라는 호주 와인도 상생, 협조, 단합의 스토리를 갖고 있다.

평소에 와인 샵이나 마트에 가서 와인을 살펴보면서 스토리 있는 와인이나 스토리를 만들어서 필요한 때에 적재적소 사용하는 것도 권장한다.

08 와인 리스트 보기

와인 바나 레스토랑, 호텔에 가서 와인을 주문하면 소믈리에나 종업원이 와인 리스트를 주는데, 평소 훈련되지 않으면 와인 리스트를 보기가 쉽지 않을 것이다. 와인 리스트는 업소에 따라 세부적으로는 다르나, 대부분 나라별로 리스트업을 해놓는다.

예를 들면 프랑스, 이탈리아, 스페인, 미국, 호주, 뉴질랜드, 칠레 등 나라별로 크게 나누어 놓고, 프랑스나 이탈리아, 스페인 등은 지역별로 세분화시켜서 와인 리스트를 만들어 놓는다. 와인 리스트를 볼 때는 특히 가격을 잘 보고 주문하는 것이 좋다. 단위 하나를 잘못 보는 경우도 가끔 발생하기 때문이다.

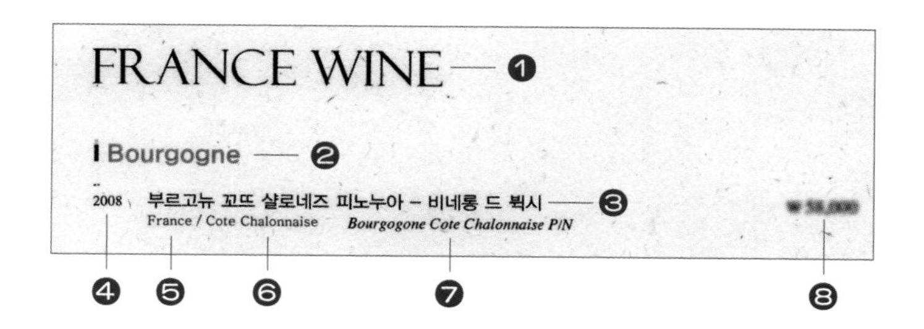

❶ 와인의 분류 : 프랑스 와인
❷ 지방이름 : 부르고뉴 지방
❸ 와인 이름 한글 표기
❹ 빈티지
❺ 국가이름
❻ 지역이름
❼ 와인 이름 영문 표기
❽ 가격

09 와인 전망

와인의 세계는 앞서 말했듯 두 개의 세계가 존재한다. 미국을 비롯한 호주, 뉴질랜드, 칠레, 아르헨티나 등 신세계와 프랑스를 비롯한 스페인, 이탈리아 등 유럽지역의 구세계가 있다. 신세계 와인의 역사는 200~300년밖에 안 되지만, 구세계 와인의 역사는 수천 년이 되었다. 따라서 와인에 대한 지식과 정보는 무궁무진하다고 볼 수 있다.

최근 웰빙 트렌드, 도수가 낮은 알코올 선호, 대기업의 접대문화 변화 등 사회적인 현상들이 와인 시장 성장에 도움을 주고 있다. 이와 더불어 와인이 가지고 있는 식품 및 기호적 측면의 가치를 이해하고, 즐기려는 와인 애호가들의 요구가 더욱 커졌기 때문에 정치적, 경제적으로 큰 변수가 없는 한 국내 와인 시장의 성장은 계속될 것으로 전망하고 있다.

(개정판)
나의 첫 와인 공부

제1판 1쇄 2020년 4월 3일
제2판 1쇄 2025년 3월 5일

지은이 신규영
펴낸이 한성주
펴낸곳 ㈜두드림미디어
책임편집 배성분
디자인 얼앤똘비악(earl_tolbiac@naver.com)

㈜두드림미디어
등록 2015년 3월 25일(제2022-000009호)
주소 서울시 강서구 공항대로 219, 620호, 621호
전화 02)333-3577
팩스 02)6455-3477
이메일 dodreamedia@naver.com(원고 투고 및 출판 관련 문의)
카페 https://cafe.naver.com/dodreamedia

ISBN 979-11-94223-56-6 (03590)

책 내용에 관한 궁금증은 표지 앞날개에 있는 저자의 이메일이나
저자의 각종 SNS 연락처로 문의해주시길 바랍니다.